21世纪全国高等院校艺术设计系列实用规划教材

建筑模型设计与制作

王　璞　编著

徐景福　主审

U0195611

北京大学出版社

PEKING UNIVERSITY PRESS

内 容 简 介

本书重点从建筑模型这一学科的学术性、实用性和普及性等方面进行讲述，力求深入浅出，通俗易懂，使广大学生和读者能从建筑模型的基础理论和基本方法入手，提高模型设计的表达水平。

本书充分结合建筑模型设计与制作的课程，通过大量具有代表性的优秀设计作品及图例，全面介绍了建筑模型设计与制作的具体方法，深入分析了现代建筑模型的发展趋向，详细讲解了建筑模型材料与制作流程。

本书既可作为高等院校艺术专业相关课程的教学用书，也可作为高职高专或培训机构的专业课程用书，同时也适合从事建筑设计的相关人员和爱好者阅读。

图书在版编目(CIP)数据

建筑模型设计与制作/王璞编著. —北京：北京大学出版社，2014.3
(21世纪全国高等院校艺术设计系列实用规划教材)
ISBN 978-7-301-23893-6

Ⅰ.①建…　Ⅱ.①王…　Ⅲ.①模型（建筑）－设计－高等学校－教材　②模型（建筑）－制作－高等学校－教材　Ⅳ.①TU205

中国版本图书馆 CIP 数据核字(2014)第020552号

书　　　　名：建筑模型设计与制作
著 作 责 任 者：王　璞　编著
策 划 编 辑：孙　明
责 任 编 辑：李瑞芳
标 准 书 号：ISBN 978-7-301-23893-6/J·0563
出 版 发 行：北京大学出版社出版发行
地　　　　址：北京市海淀区成府路 205 号　100871
网　　　　址：http://www.pup.cn　　　新浪官方微博：@北京大学出版社
电 子 信 箱：pup_6@163.com
电　　　　话：邮购部 62752015　发行部 62750672　编辑部 62750667　出版部 62754962
印 刷 者：北京大学印刷厂
经 销 者：新华书店
　　　　　　　787mm×1092mm　　16 开本　　7.25 印张　　168千字
　　　　　　　2014 年 3 月第 1 版　　2016 年 8 月第 2 次印刷
定　　　　价：36.00 元

前　言

　　建筑模型是建筑设计方案及城市规划设计方案的高端表现形式，以其特有的形象性、直观性表现出设计方案的空间效果，可以弥补传统图纸不能全方位展现建筑空间关系的缺陷。建筑模型不仅是表现的一种方法，也是设计的一部分，比设计草图能够更让人直接地感触到设计的本质，同时以触觉和视觉为导向的模型设计超越了草图的单一化视觉效果，能更深刻展示空间本身的物质内涵性。目前，在国内外建筑、规划中，建筑模型设计与制作已经不再是作为辅助方案进行展示，而成为一门独立的学科，可以作为一门综合性的、实践性较强的空间设计课程，成为相关专业的学生对空间感的认识与理解的重要途径。

　　在编写过程中，本书主要从设计构思、材料选择、模型制作实践操作三个方面进行全面分析。第一阶段为设计构思阶段，主要培养学生对模型设计的整体策划能力。第二阶段为材料选择阶段，主要培养学生对材料选择的分析能力。第三阶段为模型制作实践操作阶段，主要培养学生的实际动手操作能力、对空间感的认知能力及整体效果的把控能力。本书从内容上也遵循该课程实际教学过程中的教学特点进行设置，涵盖全面而系统，图文并茂，并针对每个制作环节进行了翔实的阐述与剖析，可以帮助学生准确地了解模型制作的过程与细节。

　　在编写过程中，艺术学院的徐景福院长在专业教学和研究上给予了细心指导和帮助，在此表示感谢！由于编者水平有限，书中难免有不妥与疏漏之处，恳请广大读者批评指正，并提出宝贵意见。

编　者

2013年12月

目　录

第一章　建筑模型概述 1

第一节　建筑模型的概念 2
第二节　建筑模型的发展历史 3
第三节　建筑模型表现的新方式 7
本章拓展训练 12

第二章　建筑模型的分类 13

第一节　概念模型 14
第二节　标准模型 19
第三节　展示模型 24
本章拓展训练 29

第三章　建筑模型的制作材料与工具 . . . 31

第一节　建筑模型的制作材料 32
第二节　建筑模型的制作工具 39
本章拓展训练 44

第四章　建筑模型设计 45

第一节　设计构思阶段 46
第二节　设计绘图阶段 47
第三节　材料准备阶段 50
本章拓展训练 51

第五章　建筑模型制作 53

第一节　竹木模型制作 54
第二节　胶板模型制作 59

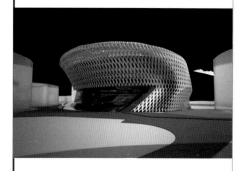

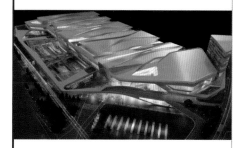

目　录

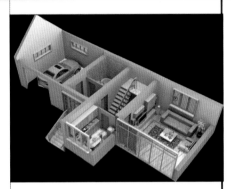

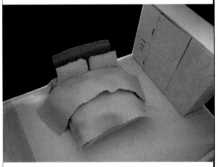

第三节　户型模型制作 66

第四节　模型环境制作 80

本章拓展训练 87

第六章　建筑模型赏析 89

第一节　海南半山半岛模型赏析 90

第二节　光之教堂模型赏析 93

第三节　小筱邸模型赏析 95

第四节　巴拉干自宅模型赏析 101

本章拓展训练 107

第一章 建筑模型概述

本章教学重点

分析建筑模型的作用，使学生对建筑模型的历史与发展有初步的认识与了解，从而理解建筑模型的发展趋势。

第一节　建筑模型的概念

我国古代最早出现的"模型"概念是在公元前121年成书的《说文解字》中"以木为法曰'模'，以土为法曰'型'"。在营造构筑之前，利用直观的模型来权衡尺度、审曲度势，虽盈尺而尽其制。根据《辞海》解释，在工程学上，根据实物、设计图、设想，按比例、生态或其他特征制作而成的缩样小品为模型，供展览、绘画、摄影、实验、测绘等用。建筑模型是建筑设计及城市规划方案中不可缺少的表现形式，它以其特有的形象性表现出设计方案的空间效果，已成为一门独立的学科。建筑及环境艺术模型介于平面图纸与实际立体空间之间，它把两者有机地联系在一起，是一种三维的立体模式，建筑模型有助于设计创作的推敲，可以直观地体现设计意图，弥补图纸在表现上的局限性。它既是设计师设计过程的一部分，同时也属于设计的一种表现艺术语言。建筑模型是采用便于加工而又能展示建筑质感并能烘托环境气氛的材料，按照设计图、设计构思，以适当的比例制作成的缩样小品（图1-1、图1-2）。

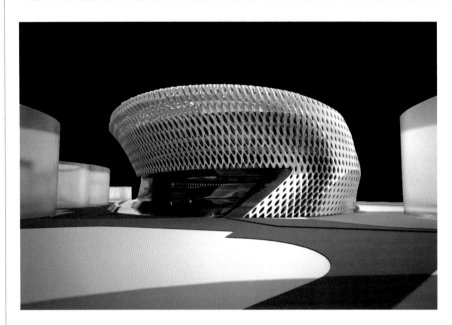

图1-1　艺术馆和博物馆建筑模型

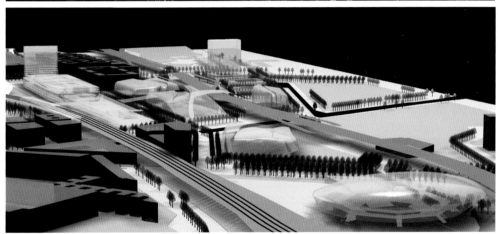

图1-2　规划建筑模型

第二节　建筑模型的发展历史

一、建筑明器

　　中国传统的木构架建筑，经历了长期和大量的实践之后，在汉代取得了重大突破，建筑内容丰富，结构复杂多样，多层木柱梁架式楼阁建筑的出现，更是打破了战国明器以来盛行的高层建筑依凭土台而建的传统方式。汉代建筑明器正是形象地表明了这一显著特点。汉代庄园经济发展迅速，宅院建筑明器成为当时豪强地主生活的真实写照，在布局上体现了外实内静的神韵，形成一个自给自足的空间。如牲畜圈养的猪羊圈，粮食仓储加工的仓房、风车、磨坊和灶，以及模拟生活的水井和厕所等，也在汉代建筑明器中得到一一描摹。此外由于汉代楼居风气的兴盛，使河南出土的汉代建筑明器中陶楼占了较大比重，从用途上可以分为望楼、仓楼、戏楼等，而避暑休憩的水榭也同样以楼阁形式出现（指的是明器）。古代人们下葬时带入地下的随葬器物，即冥器。同时还是指古代诸侯受封时帝王所赐的礼器宝物。一般用陶瓷木石制作，也有金属或纸制的。除日用器物的仿制品以外，还有人物、畜禽的偶像及车船、建筑物、工具、兵器、家具的模型。在中国，从新石器时代起即随葬明器。明器是考察古代生活和雕塑艺术的有价值的考古实物。红陶绿釉，高93厘米，宽40.5厘米，进深50.5厘米，楼前有长方形院落，院门上方有一悬山式阁楼门观，主楼为面阔三间、进深两间的三层楼，第一、二尾连体，第三层矗立于二楼顶左端，为束腰四阿式阁楼，正脊中央有一昂首欲飞的朱雀。三楼角檐有45°拱，二楼以七根挑梁承托。房顶饰瓦垄，柿蒂花饰。壁上辟门或洞窗或盲窗。

汉代"陶楼"是我国最早的建筑模型。"陶楼"是中国东汉墓葬中常有出土的一种灰陶"明器"（图1-3）。绿釉陶楼是汉代高层建筑，东汉(公元25—220年)通高216cm、基座边长82.8cm（图1-4）。由台基、门楼和五层楼阁组成，为仿木建筑陶制模型器。各层门窗、屋脊、栏杆等部位都塑有人物、花鸟等。楼阁与底部基座、栏杆、门楼浑然一体，结构严谨，装饰繁多。能够体现我国汉代楼阁式建筑式样的绿釉陶楼直观地再现了建筑的形制特征和建造技巧，是汉代陶塑中上乘之作，同时也为研究古建筑艺术及富商大贾的豪华生活提供了实物佐证。唐代明器组合如图1-5所示。

图1-3　汉代绿釉陶楼明器

图1-4　汉代陶楼明器

图1-5　唐代明器组合

二、烫样

烫样，即立体模型。它主要是由木条、纸板等材料制作加工而成。烫样主要包括亭台楼阁、庭院山石、树木花坛以及所有的建筑构件。雷氏家族自清代康熙年间到清末，几代人在样式房任"长班"。"样式雷"由于制作烫样而得名，祖孙七代主持清代官工建筑的设计，

是制作烫样的名家。历时二百余年，家藏遗留传承下来的"样式雷"烫样内容丰富。烫样是用纸张、秫秸和木头等加工制作的。所用的纸张多为元书纸、麻呈文纸、高丽纸和东昌纸。木头则多用质地松软、较易加工的红、白松之类。制作烫样的工具除簸刀、剪刀、毛笔、腊板等简单工具外，还有特制的小型烙铁，以便熨烫成型，因而名为"烫样"。从形式上看，"样式雷"烫样有两种类型：一种是单座建筑烫样；一种是组群建筑烫样。单座建筑烫样，主要表现拟盖的单座建筑的情况，全面地反映单座建筑的形式、色彩、材料和各类尺寸的数据。例如"地安门"烫样，从烫样外观上可以看出地安门是一座单檐歇山顶的建筑。面阔七间，进深两间，明、次间脊缝安实榻大门三槽，门上安门钉九路。砖石台基，砖下肩。直棂窗装修，旋子彩画，三材斗科，黄琉璃瓦顶。组群建筑烫样，多以一个院落或是一个景区为单位，除表现单座建筑之外，还表现建筑组群的布局和周围环境布置情况。如北海"画舫斋"烫样，除可看到单座建筑情况之外，还可以了解这一景区的组群布局和环境布置（图1-6、图1-7）。

图1-6 "地安门"烫样

图1-7 清代"样式雷"建筑烫样

三、沙盘

"沙盘"即根据地形图、航空照片或实地地形，按一定的比例关系，用泥沙、兵棋和其他材料堆制的模型。南朝宋范晔撰《后汉书·马援传》有记载：汉建武八年（公元32年）光武帝征伐天水、武都一带地方豪强隗嚣时，大将马援"聚米为山谷，指画形势"，已使光武帝顿有"虏在吾目中矣"的感觉，这就是最早的沙盘作业。1811年，普鲁士国王菲特烈·威廉三世的文职军事顾问冯·莱斯维茨，用胶泥制作了一个精巧的战场模型，用颜色把道路、河流、村庄和树林进行标注，同时用小瓷块代表军队和武器，陈列在波茨坦皇宫里，用来进行军事游戏。后来，莱斯维茨的儿子利用自制的沙盘、地图表示地形地貌，时器表示军队和武器的配置情况，按照实战方式进行策略谋划。这种"战争博弈"就是现代沙盘作业。19世纪末和20世纪初，沙盘主要用于军事训练，第一次世界大战后才在实际中得到广泛运用。随着电子计算技术的发展，出现了模拟战场情况的新技术，为研究作战指挥提供了新的手段。在军事题材的电影、电视作品中，我们常常看到指挥员们站在一个地形模型前研究作战方案。沙盘具有立体感强、形象直观、制作简便、经济实用等特点，主要供指挥员研究地形和作战方案以及演练战术使用（图1-8、图1-9）。

图1-8 地形沙盘

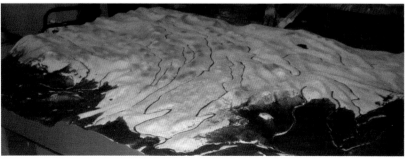

图1-9 军事沙盘

第三节　建筑模型表现的新方式

一、数字模型

　　数字模型在国内大型的展馆和售楼中心引导着数字沙盘的新方向。数字模型这一新名词将在不远的未来取代传统建筑模型，跃身成为展示内容的另一个新亮点。数字模型超越了单调的实体模型沙盘展示方式，在传统的沙盘基础上，增加了多媒体自动化程序，能够充分表现出区位特点、四季变化等丰富的动态视效。对客户来说，这是一种全新的体验，能够产生强烈的视觉震撼感（图1-10至图1-12）。客户还可通过触摸屏选择观看相应的展示内容，简单便捷，大大提高了整个展示的互动效果。

图1-10　数字模型（一）

图1-11　数字模型（二）

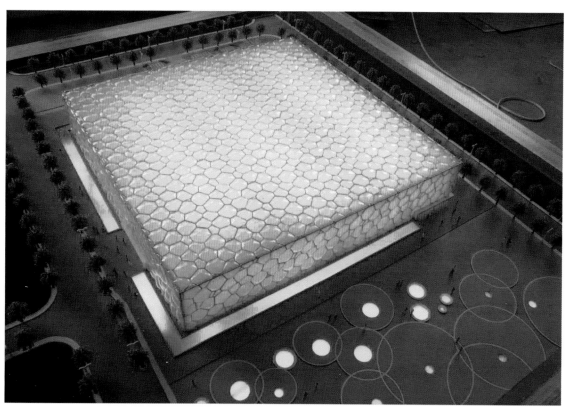

图1-12　数字模型（三）

二、科技模型

　　科技模型是在建筑模型设计、模型制作经验的积累上，糅合现代科学技术独创的另一套新的模型展示方法。科技模型是在传统的物理模型沙盘基础上，增加类似多点触控、中控集成、虚拟现实等科技方法，通过触摸、感应等各种互动方式，控制模型当中的灯光、楼层、升降、视频影视、音响等内容，全方位展现出实物的各区位特点，让观众达到身临其境的感觉。科技模型因其良好的互动特性和立体感觉，操作简单便捷，展示内容又面面俱到，很受观众认可。它可根据客户需求，自定规格、大小和展现方式的多少，适用于房地产招商中心、售楼营销中心、大酒店、旅游景点、商业建筑及各种展馆展厅等（图1-13，图1-14）。

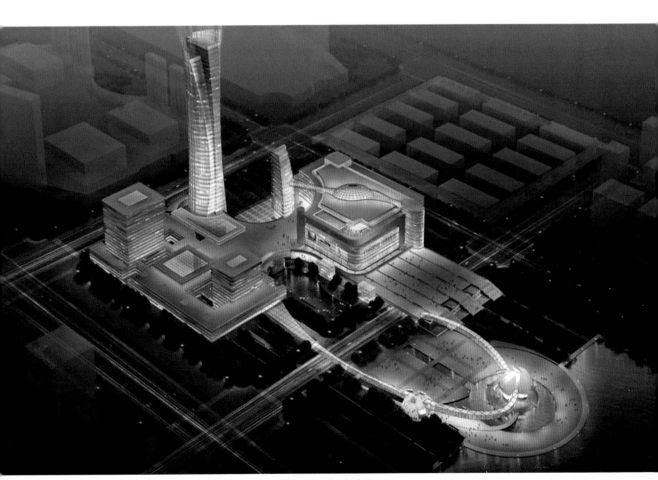

图1-13　科技模型

图1-14 科技模型

本章拓展训练

1. 课题教学内容：对建筑模型的历史与发展有一个初步的认识

课题时间：2课时。

要点提示：理解建筑模型制作的作用和意义，明确本课程学习的目的。

教学要求：搜集并整理不同历史时期建筑模型图片资料，并且分析不同历史时期建筑模型的不同特征。

训练目的：通过对建筑模型历史与发展的学习，深入理解建筑模型的作用及特点，加深对建筑模型的认识，为进一步学习建筑模型制作奠定坚实的基础。

2. 其他作业

课堂讨论并口述"建筑模型发展的历史特征"。

3. 理论思考

(1) 请根据相关建筑模型作品，思考烫样的主要工艺有哪些特点？

(2) 查阅课外相关资料，思考建筑模型的发展与历史之间的关系。

4. 相关知识链接

烫样制作

参见：金勋《北平图书馆藏样式雷制圆明园及其他各处烫样》，《国立北平图书馆馆刊》第七卷第三、第四号。

第二章 建筑模型的分类

本章教学重点

理解各类模型的特点与作用，使学生对模型的分类有初步的认识与了解，从而理解各类模型的不同用途。

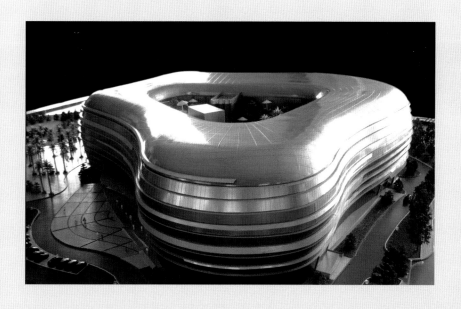

第一节　概念模型

　　概念模型是形象立体化草图，具有概括性和可变性，主要表现整体的形态和空间体量关系，是三维表现形式的初级阶段。概念模型根据设计构思展开，所以往往能够产生出多种形态的草图，在模型方案初期可以相互比较、研究分析，用象征性的手法表现出来。 概念模型分为空间构成模型、单体体块模型和规划初步模型。

一、空间构成模型

　　空间构成模型经常用于建筑形态结构的展示，在方案构思的初级阶段可以直观地表达出设计者的最初想法。空间构成模型能够表现出空间功能和结构，让模型的结构开放，空间构成模型的表现重点不在建筑的外貌，它主要解决了功能上的开闭和结构上的空间问题（图2-1、图2-2）。

图2-1　空间构成模型（一）

图2-1　空间构成模型（一）（续）

图2-2　空间构成模型（二）

二、单体体块模型

单体体块模型是指在方案构思初级阶段制作的模型，它一般需要根据初步的草图设计要求模拟真实的场景，制作出相应的建筑物体构件（图2-3）。由于单体体块模型需随着设计进程的深入不断调整自身的体量关系及在空间中的位置，因此没有严格的比例要求，经常采用的比例为1：400～1：200。在材料选择方面宜采用便于修改的材料。

图2-4所示为毓傈美术馆单体体块模型。

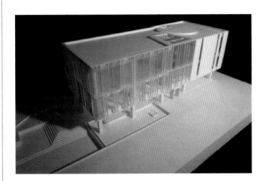
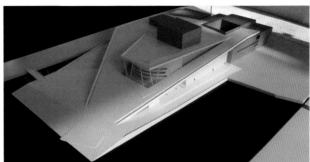

图2-3　单体体块模型

图2-4　毓傈美术馆单体体块模型

三、规划初步模型

规划初步模型的表现形式是建筑单体、建筑多体之间的相互关系，同时要求对建筑周边环境进行表现。规划初步模型要求对单体建筑的表现相应简洁，主要重点表现出单体的长、宽、高以及房顶之间形式等（图2-5）。对于场景中并不明显的细节部分的凹凸关系，可以根据比例进行相应的简单处理，也可以随着比例的缩小对色彩的搭配以简洁明快的方式进行表现，对建筑与地景相互之间的关系一目了然，整体效果概括性非常强（图2-6）。

图2-5　规划初步模型（二）

图2-6 规划初步模型（一）

第二节　标准模型

　　标准模型也称为表现模型，它比概念模型在建筑物的表现、刻画等方面更加细致与完善，它属于在初步模型辅助设计方案的基础上对设计者的设计方案进行更深入的表现与制作，对模型的尺度、比例、位置关系、材质、色彩、建筑构件以及细节部分装饰等方面进行准确表达，所以称为标准模型。标准模型的制作必须基于设计方案的施工图纸，严格准确地按照比例进行制作（图2-7、图2-8）。

图2-7　标准模型（一）

图2-8 标准模型（二）

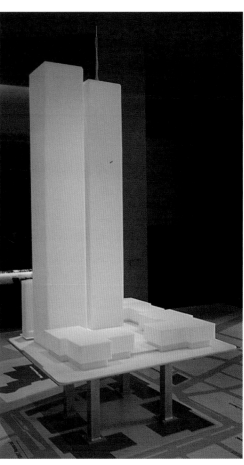

图2-9 单体模型

一、单体模型

单体模型不仅要表达出建筑物自身的特点，还应表达出建筑和周围所处环境的相互关系，通常单体模型制作比例为1：200～1：50。在制作模型的色彩选择方面主要以单色系或者是自然色系的方法来表现。选择单色系进行表现时，可以通过一种颜色进行表现，白色或者是浅色，在进行模型的门窗和墙面的制作时，应首先考虑用有层次关系、进深关系的前后凹凸的形式具体地表现，在选择自然色系进行表现时，应着重注意色调的和谐统一（图2-9、图2-10）。

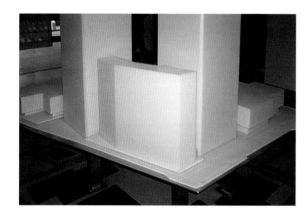
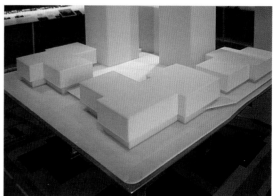

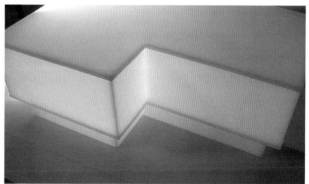

图2-10 单体模型局部

二、规划模型

规划模型主要表现建筑物之间以及建筑群之间的相互关系，并以标准的形式表现环境特点（图2-11、图2-12）。标准规划模型在设计制作、模型材料选择方面和模型细节制作方面都要求非常准确，必须严格按照比例进行制作，以更好地与甲方和相关机构进行交流与沟通。

图2-11　规划模型（一）

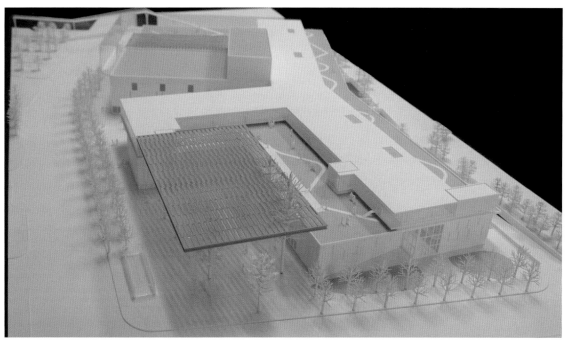

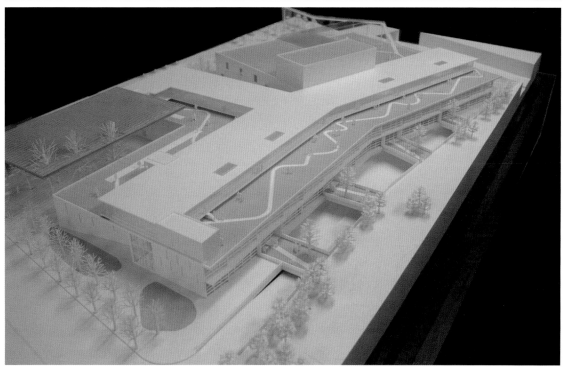

图2-12　规划模型（二）

第三节　展示模型

在标准模型的基础上，根据新的修改意见进行调整之后最终确定的模型为展示模型。展示模型可以在竣工之前根据施工图纸的内容来制作，以表现出建筑的预期效果。其表达的精度和深度较标准模型更为严格与精确。展示模型可归纳为单体展示模型、室内展示模型和规划展示模型三种。

一、单体展示模型

表现建筑物外观的模型被称为建筑单体模型。单体展示模型的制作方法与标准模型基本相同，但建筑单体展示模型对于选材、做工、质感、色彩和表现效果的要求更高，要求制作效果更贴近真实效果（图2-13、图2-14）。

图2-13　单体展示模型（一）

图2-14　单体展示模型（二）

二、室内展示模型

室内展示模型主要是以展示内部空间表现、室内陈设和布置的模型。在制作室内展示模型时，要明确平面尺寸，确定准确比例，以展示建筑内部空间的室内装修和家具布置为主，但是同时也需要准确的反映真实的内墙、柱、门、窗等结构构件的情况。室内展示模型的制作比例应该大于1∶50的比例，这种制作比例可以使室内各种组成元素表达清楚（图2-15）。

三、规划展示模型

规划展示模型的表现方法不同于概念模型，它是以设计方案的平面图、立面图为根本依据，按照一定的比例缩微制作而成的，其材料也要模拟真实的效果，并进行适当的艺术加工，在制作方面要求质感、光感强，色彩统一和谐，以达到真实、形象、完整的效果（图2-16、图2-17）。

图2-15 室内展示模型

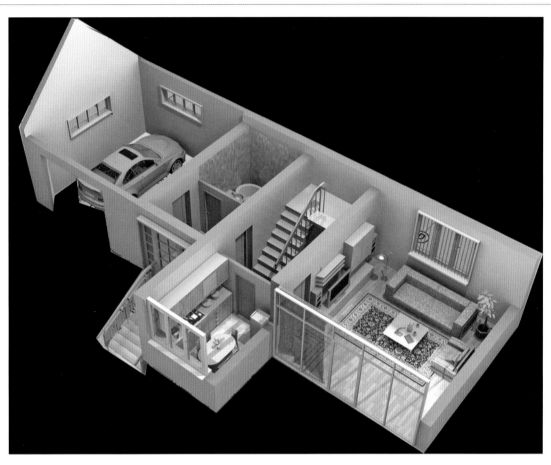

图2-15 室内展示模型（续）

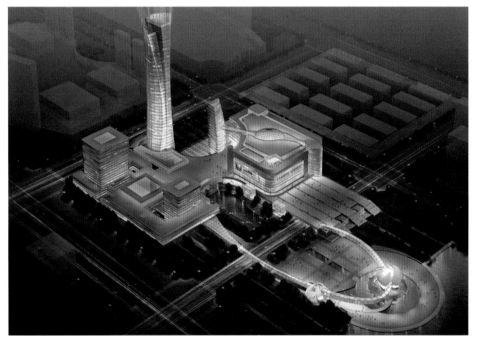

图2-16　规划展示模型（一）

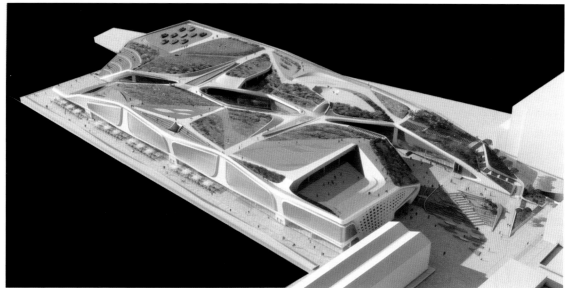

图2-17　规划展示模型（二）

本章拓展训练

1. 课题教学内容：*深入理解建筑模型分类的作用和意义*

课题时间：2课时。

要点提示：了解各类建筑模型的作用及其设计特点，明确本课程的学习目的。

教学要求：搜集、整理并归类各种类型建筑模型图片资料，并且分析不同种类建筑模型的不同特征。

训练目的：通过对各类建筑模型的学习，深入理解各类建筑模型的作用及特点，加深对各类建筑模型的认识，为下一章学习建筑模型制作材料与工具打下良好的基础。

2. 其他作业

课堂讨论并口述"各类建筑模型设计特点如何进行表现"。

3. 理论思考

（1）请根据各类建筑模型作品，思考概念模型主要设计特点有哪些?

（2）查阅国内外相关资料，思考建筑模型与环境空间之间的关系。

4. 相关知识链接

黏土建筑模型和油泥建筑模型的区别

黏土材料建筑模型经过"洗泥"工序和"炼熟"过程，其质地更加细腻。黏土具有一定的粘合性，可塑性极强，在塑造过程中可以反复修改、任意调整，修刮填补比较方便，还可以重复使用，是一种比较理想的造型材料，但是如果黏土中的水分失去过多则容易使黏土模型出现收缩、龟裂甚至断裂，不利于长期保存。

油腻材料建筑模型加工方便，表面不易开裂并可以收光和刮腻后打磨涂饰，可以反复修改与回收使用，比较适合形态复杂与体量较大的模型，通常用于处理曲线造型的建筑单体模型。但是，在制作模型过程中，尺寸的精准度难以把握，必须要借助相关的测量方法进行准确定位加工，才能够保证制作完成后模型的精确度。同时，制作模型必须与其他材料配合使用，保证模型的强度。

第三章 建筑模型的制作材料与工具

本章教学重点

熟悉建筑模型制作过程中常用材料及工具的名称，理解各种材料简单的切割及拼接方式。使学生在制作模型的过程中根据所要制作模型的不同特点进行材料与工具的选择。

第一节 建筑模型的制作材料

一、纸质材料

纸质材料在现代建筑模型制作中应用最为广泛。纸张的种类很多,目前常用于模型制作的纸质材料主要有:书写纸、卡纸、皮纹纸、瓦楞纸、花纹纸等。

图3-1 书写纸

图3-2 卡纸

图3-3 皮纹纸

图3-4 瓦楞纸

1. 书写纸

书写纸是一种在学习中供钢笔、圆珠笔等书写用的纸张,也可供印刷、打印使用,纸张两面比较平滑、质地紧密(图3-1)。目前又包括高光纸和亚光纸两种,能为模型制作提供更多样的选择。

2. 卡纸

卡纸是介于纸和纸板之间厚纸的总称。纸面比较细致平滑,坚挺耐磨,每平方米重约150g以上,用于明信片、卡片、画册衬纸等(图3-2)。白卡纸质地厚实、挺括、平滑,应用最为广泛。

3. 皮纹纸

皮纹纸有纯木浆和杂浆,纯木浆造出来的颜色比较准确,纸质比较挺括,细腻,纹理清晰;杂浆造出来的纸颜色暗淡,色彩不均匀,纸质松软,粗糙,表面凹凸不平(图3-3)。

4. 瓦楞纸

瓦楞纸是由挂面纸和通过瓦楞辊加工而形成的波形的瓦楞纸粘合而成的板状物(图3-4)。瓦楞纸要纸面平整、厚薄一致,不能有皱折、裂口等纸病。瓦楞纸板经过模切、压痕等工艺制成瓦楞纸箱。

5. 花纹纸

花纹纸纸品手感柔软,外观华

美，成品更富高贵气质，令人赏心悦目。花纹纸品种较多，各具特色，较普通纸档次高。花纹纸的种类有多种：仿古效果纸、非涂布花纹纸、斑点纸、特殊效果纸等（图3-5）。仿古效果纸纸张耐用，纸质清爽硬挺。仿古效果纸以素色系为主，用仿古效果纸制作出的模型古朴、美观、高雅。非涂布花纹纸具有非常华丽的纸质效果。斑点纸中添加了各种杂物，用斑点纸制作模型时可以模拟雪花、花瓣等特殊的装饰效果。

图3-5　花纹纸

二、木材材料

木材材料是最传统的模型材料。木材质地均匀、裁切方便、形体规整，自身的纹理即是最好的装饰，在传统风格建筑模型中表现力非常强。加工比较严谨，最好利用机械切割、打磨。光滑的切面与细腻的纹理是高档建筑模型制作的关键材料。

1. 木工板

木工板有各种不同的颜色、颗粒状和厚度，木工板的大小约为100cm×10cm，厚度为1～5mm（图3-6）。在选择木制材料时，尤其是重要的支柱横梁，除了考虑到它们的坚固性，也应该考虑到其重量，薄木片和硬纤维板较密较重。细木工板具有坚固耐用、板面平整、结构稳定以及不易变形等优点，它广泛用作板式家具的部件材料。木工板厚度较大，需要使用台式电锯、曲线锯等电动工具进行加工。在制作较大模型时常用于内部支架或平整的模型表面材料，多选用澳松板。

图3-6　木工板

2. 胶合板

胶合板是用三层或多层刨制或旋切的单板，涂胶后经热压而成的人造板材，各单板之间的纤维方向是互相垂直对称的。胶合板适用于大面积板状部件，主要用于制作模型的底盘，也可用于制作家具等模型表面和内部的支撑材料等。胶合板品种很多，厚度在12mm以下的为普通胶合板，例如榉木纹板、花梨木纹板和橡木纹板等，制作模型时可根据设计需要选择使用（图3-7）。胶合板材韧性大，比较适合手工切割。

3. 软木板卷材

软木板卷材以优质天然橡树皮为基础材料，具有自然本色，无毒无气味，防潮耐水，耐油耐酸，富有弹性，防滑耐磨，隔热保温，消音减震，不沾尘、不腐不蛀，耐化学侵蚀等优点。对水、油脂、有机酸、汽油、盐类、酯类等都不起化学作用。在制作模型过程中，可以根据模型具体的制作需求设计加工（背胶、涂胶、模切、裁切等）。软木板适合用手工刀具或者钢丝锯等小型的手动工具进行加工，同时可以利用不同大小的刀具进行不同造型的切割与雕刻（图3-8）。

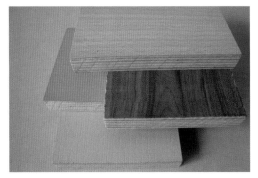

图3-7　胶合板

图3-8　软木板卷材

4. 硬木板

硬木板是利用木材加工成一定规格的碎木，刨花后再使用胶合剂经热压而成的板材（图3-9）。硬木板表面非常平整，隔热性能好，纵横面强度一致，可以进行多种贴面和装饰。硬木板是制作板式家具模型的理想材料，但硬木板容易受潮而膨胀变形，目前在模型制作中较为普遍使用的是中密度刨花板。

5. 软木板

软木板是由混合着合成树脂胶粘接剂的颗粒组合而成的，用它制作的模型有着其特有的质感（图3-10）。加工时，单层可用手术刀或裁纸刀，多层或较厚则可用台工曲线锯和手工钢丝锯。在使用软木板时必须注意到它的结构问题，而在科技实践中使用的软木板（例如汽车制造用的密封材料或真料）或是在医学上应用的软木板，都特别适合用来做模型。

6. 航模板

航模板是采用密度不大的木头经过化学处理而制成的板材，其优点是材质细腻、纹理非常清晰、极富自然表现力，在制作过程中只要工具方法得当，无论是沿木材纹理切割，还是垂直于木材纹理切割，切口部都不会劈裂（图3-11）。由于模型制作都由激光雕刻机来完成，其表面图案更加精美，切割各种特殊的形状时也非常准确。由于航模板具有型材的特点和木质结构的特点，在为其加工时，主要的加工方式为切割，可以采用壁纸刀和刻刀等手工工具进行加工，其缺点是细部加工较困难。

7. 人造装饰板

人造装饰板板材有仿金属、仿塑料、仿石材等效果的板材，还有各种用于裱糊的装饰木皮等，都可以应用到模型的制作中。仿金属的板材主要是铝塑板，可以在其表层镀上金属漆，可仿制铝铜和不锈钢等效果，表层分别有亚光和亮光两种。仿塑料板材主要是防火板等类似塑料效果的板材。在制作模型时，可以根据设计的效果选择使用。人造装饰板的材料比较薄，在加工时可以采用手工刀具进行加工，在模型加工过程中如果应用得适当，效果还是比较理想的（图3-12）。

图3-9　硬木板

图3-10　软木板

图3-11　航模板

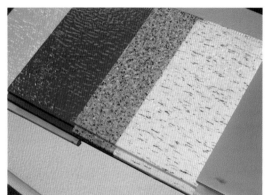
图3-12　人造装饰板

三、塑料材料

通用塑料有四大品种，即是聚氯乙烯、聚苯乙烯、聚甲基丙烯酸甲酯及ABS工程塑料。在制作模型时，选择最多的是热性塑料。

1. 聚氯乙烯(PVC)

PVC板是以PVC为原料制成的截面为蜂巢状网眼结构的板材。这种材料不易被酸、碱腐蚀，比较耐热，所以又被称为装饰膜。按照软硬程度PVC可分为软PVC和硬PVC。硬PVC板具有不透明、不含柔软剂，柔韧性比较好，容易成型等特点，是非常理想的建筑模型制作材料（图3-13）。PVC板主要用于建筑模型周围墙体的围合面的制作。

2. 聚苯乙烯(PS)

聚苯乙烯无色透明，能自由着色，有优异的防潮性，吸水率极低，防潮和防渗透性能极强，抗压强度极高，即使长时间浸泡在水中仍维持不变。聚苯乙烯板材主要用于模型的底板制作，在裁切模型底板时要将裁切刀完全垂直于底板面，裁切后的表面需要使用砂纸进行处理（图3-14）。

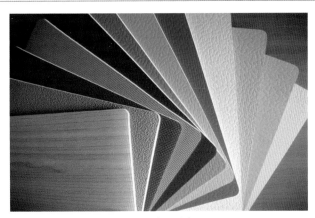

图3-13　聚氯乙烯(PVC)

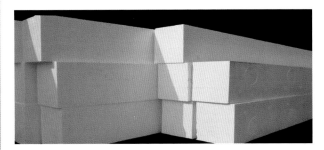

图3-14　聚苯乙烯(PS)

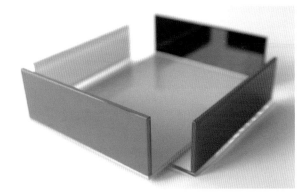

图3-15　聚甲基丙烯酸甲酯(亚克力)

图3-16　丙烯腈/丁二烯/苯乙烯共聚物板（ABS）

3.聚甲基丙烯酸甲酯(亚克力)

亚克力板即聚甲基丙烯酸甲酯板材的有机玻璃，具有极佳的透明度。抗老化性能好，具有化学稳定性、易于染色、易于粘贴、强度高，亚克力板品种繁多、色彩丰富、耐热不变形、可以染色，表面可以喷漆、可以抛光，主要可以用于建筑模型的墙体、房顶、台阶、门窗、水面、反光等相关构件，同时也适用于一些特殊形状的模型制作，为模型的制作者提供了多样化的选择（图3-15）。

4.丙烯腈/丁二烯/苯乙烯共聚物板（ABS)

ABS板是板材行业新兴的一种材料，尺寸稳定性好，具有极好的冲击强度，染色性、成型加工和机械加工性好，高机械强度、高刚度、低吸水性、耐腐蚀性好，连接简单、无毒无味，具有优良的化学性能和电气绝缘性能。这种材料能耐热不变形，在低温条件下也具有高抗冲击韧性，同时可以在一定的程度上耐受有机溶剂溶解。这是一种不易被划伤、不易变形的材料，裁切时要使用切割机械加工（图3-16）。

四、金属材料

金属材料是指金属元素或以金属元素为主构成的具有金属特性的材料的统称。在模型制作过程中金属材料根据自身的特点仍然不可缺少。金属材料不仅用于模型构件的支撑、连接，也可以作为概念模型设计创意属性表现的形式（图3-17）。

1. 不锈钢型材

不锈钢型材应用于工程建设，基于不锈钢具有良好的耐腐蚀性，所以它能使结构部件永久地保持工程设计的完整性。含铬不锈钢还集机械强度和高延展性于一身，易于部件的加工制造，可满足建筑师和结构设计人员的需要（图3-18）。

2. 铁丝

铁丝是用低碳钢拉制而成的一种金属丝，主要用于模型底层构造或者支撑绑定相关构件。铁丝虽然用途不同，但加固强度要高于粘胶剂。在进行外部装饰时，注意铁丝的位置摆放调整。铁丝含有的主要成分为铁、钴、镍、铜、碳、锌及其他元素（图3-19）。

3. 螺钉

螺钉是具有各种结构形状头部的螺纹紧固件，主要用于木质材料的连接（图3-20）。

图3-17 金属鸟巢模型

图3-18 不锈钢型材

图3-19 铁丝

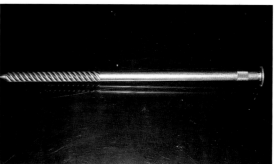

图3-20 螺钉

五、粘胶剂材料

在制作模型过程中，粘胶剂是对模型主体部分及构件连接部分必备的辅助材料。粘胶剂的选择要根据模型材料的不同属性进行正确的选择。目前经常使用的粘胶剂主要有白乳胶、502胶、硅酮玻璃胶、UHU万能胶、不干胶、透明胶等多种。

1. 白乳胶

白乳胶为乳白色的粘稠液体，对木材、纸张和织物有很好的黏着力，固化后的胶层无色透明（图3-21）。使用白乳胶粘接木材时，将两粘接物面粘合压紧，对于需承受压力的粘接，施压的时间需延长。

2. 502胶

502胶为固化粘合剂，透明无色、可在极短时间内快速固化，较高黏度（图3-22）。502胶能黏接玻璃、塑料、皮革等材料。但是，对聚氯乙烯等材料必须进行特殊处理（打磨表面）才能得到良好粘贴强度。

3. 硅酮玻璃胶

硅酮玻璃胶是有机硅产品的一种，具有耐高低温，高粘接强度的特点（图3-23）。它类似于软膏，在接触空气中的水分时会固化成韧性很强的橡胶类固体材料，主要用于粘接织物、有机织物、塑料、金属、玻璃等，可以将玻璃直接和金属构件表面连接构成单一装配组件。

图3-21 白乳胶

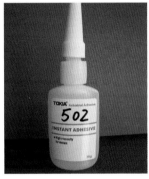

图3-22 502胶

图3-23 硅酮玻璃胶

4. UHU万能胶

UHU万能胶是一种胶粘能力、韧性非常强，应用面很广，目前用于模型制作的专用粘胶剂（图3-24）。它具有快速粘结模型材料的特性，主要是对皮革、织物、纸板、人造板、木材、泡沫塑料、陶瓷、金属等自粘或互粘。

5. 不干胶

不干胶是以纸张、薄膜为面料，背面涂有胶粘剂，以涂硅保护纸为底纸的一种复合材料（图3-25）。在模型制作时，它主要用于粘接纸材与比较轻质的塑料板材。

6. 透明胶

透明胶，又叫聚偏二氯乙烯（图3-26）。粘着剂的主要成份为橡胶，广泛应用各种聚合物。

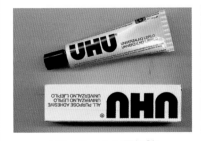

图3-24 UHU万能胶

图3-25 不干胶

图3-26 透明胶

第二节　建筑模型的制作工具

一、测绘工具

在建筑模型制作过程中，测绘工具是十分重要的，它直接影响着建筑模型制作的精确度。一般常用的测绘工具有三棱尺，直尺、三角板，弯尺、蛇尺，游标卡尺，圆规，曲线板。

1. 三棱尺

三棱尺是测量、换算图纸比例尺度非常主要的工具（图3-27）。其测量长度与换算比例多样，使用时应根据情况进行选择。

2. 直尺

直尺也称为间尺，是一种非常常用的计量长度仪器（图3-28）。通常用于量度较短的距离或画出直线。三角板是测量角度的主要作图工具之一，主要用于测量以及绘制平行线、垂直线、直角与任意角度。

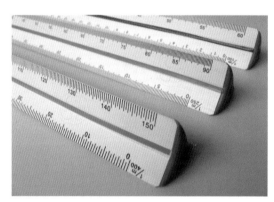

图3-27　三棱尺

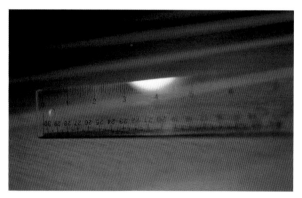

图3-28　直尺

3. 蛇尺

弯尺是测量直角的专用工具。蛇尺又称自由曲线尺，绘图工具之一（图3-29）。蛇尺可曲度相当高，是一种可以根据不同曲线、不同形状任意弯曲的测量工具。一般用于绘制非圆自由曲线，如景观中的湖面等。

4. 游标卡尺

游标卡尺是一种测量长度、内外径、深度的量具（图3-30）。游标卡尺标上有两副活动量爪，精确度可达到0.02mm。它是在塑料材料上（如PVC板、ABS板、有机玻璃板）画线的理想工具。

5. 圆规

圆规在数学和制图里，是用来绘制圆、圆弧的工具，常用于尺规作图（图3-31）。它是杠杆，也是轮轴。分规经常用作等分线段。

6. 曲线板

曲线板，也称云形尺，绘图工具之一，是一种内外均为曲线边缘（常呈旋涡形）的薄板，用来绘制曲率半径不同的非圆自由曲线（图3-32）。在模型制作过程中，曲线板可以用于绘制背景和特殊效果线。

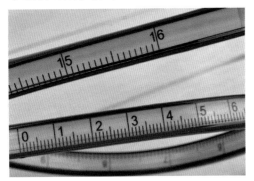

图3-29　蛇尺

图3-30　游标卡尺

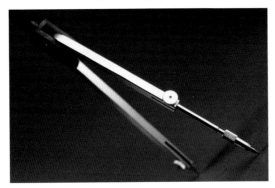

图3-31　圆规

图3-32　曲线板

二、剪裁、切割工具

1. 勾刀

勾刀是对有机玻璃、亚克力板材、ABS工程塑料板等材料进行手工切割的刀具（图3-33）。刀片有单刃、双刃、平刃三种，它可以按直线和弧线切割一定厚度的塑料板材。同时，它也可以用于平面划痕。

2. 美工刀

美工刀俗称刻刀，是一种美术和做手工艺品用的刀，为推拉式结构（图3-34）。美工刀刀锋长，刀尖为斜口，刀身薄，可用于雕刻和裁切比较松软单薄的材料，如纸张、松软木材等，是切割各类纸板的理想工具，在模型制作中使用频率很高。

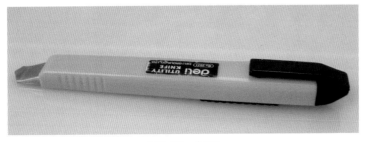

图3-33　勾刀

图3-34　美工刀

3. 刀片

未装柄的刀身部分，并由它形成刀具的切削部分（图3-35）。刀片分为圆刀片、长刀片、异形刀片。单、双面的刀片最薄，极为锋利，是切割薄型材料的最佳工具。

4. 手术刀

手术刀在进行模型制作过程中是非常重要的一种切割工具（图3-36）。手术刀主要用于各种薄纸的切割与划线，经常用于切割壁纸、卡纸、吹塑纸、发泡塑料以及各种用于装饰的纸材和各种比较薄的板材。在模型制作时，尤其是完成建筑门窗的切割时，非常精准。

图3-35 刀片

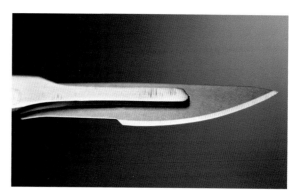

图3-36 手术刀

5. 木刻刀

木刻刀主要是雕琢各种木质材质时经常使用到的一种特质刀具（图3-37）。木刻刀有多种样式，在模型制作过程中，主要选择平口刀和斜口刀两种，主要是用于刻或者切割薄型的塑料板材。

6. 剪刀

剪刀是剪切布、纸等片状或线状物体的双刃工具，也是剪裁各种材料的必备工具（图3-38）。可以准备大小剪刀各一把，以供方便使用。在制作模型时，经常使用的是普通剪刀和花边剪刀两种。花边剪刀主要用于裁剪带花边线条的一种专用剪刀，这种线条可广泛应用于建筑模型的各类装饰线，可以根据需要选择花边的花纹。

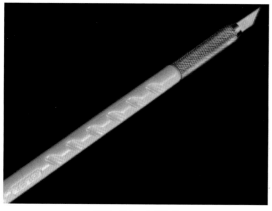

图3-37 木刻刀

图3-38 剪刀

三、打磨工具

在模型的制作过程中，模型材料经过切割形成模型构件，无论是组织粘接，还是喷色之前，都必须先对切割好的材料进行打磨修整，这样才能有效地保证模型制作的精细度与光洁度。

1. 砂纸

砂纸俗称砂皮，是一种供研磨用的材料，砂纸分为木砂纸和水砂纸（图3-39）。砂纸主要用以研磨金属、木材等表面，以使其光洁平滑。通常在原纸上胶着各种研磨砂粒而成，根据不同的研磨物质，有金刚砂纸、人造金刚砂纸、玻璃砂纸等多种。干磨砂纸用于磨光木、竹器表面。耐水砂纸用于在水中或油中磨光金属或非金属工件表面。

2. 锉刀

锉刀是用以锉削的工具（图3-40）。按用途分为：普通钳工锉，用于一般的锉削加工；木锉，用于锉削木材、皮革等软质材料。锉刀按剖面的不同形状分为扁锉、方锉、圆锉、三角锉等。平锉用来锉平面、外圆面和凸弧面；方锉用来锉方孔、长方孔和窄平面；三角锉用来锉内角、打磨方形的洞孔，如门窗的内边角等；圆锉用来锉圆孔、半径较小的凹弧面和椭圆面。

图3-39　砂纸

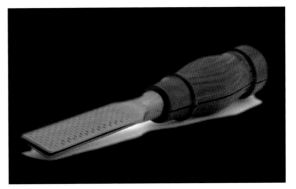

图3-40　锉刀

3. 砂轮机

砂轮机是用来刃磨各种刀具、工具的常用设备，主要由基座、砂轮、电动机或动力源、托架、防护罩和给水器等组成，砂轮常设置于基座的顶面（图3-41）。砂轮机适用于打磨金属或者塑料的毛坯和材料的边缘。

4. 电刨机

电刨机是手持式电动工具，主要进行各种木质材料和塑料类材料平面和直线的切削、打磨，同时也适用于抛光、倒棱和裁口等，是抛光木质材料，使其表面平整、光滑的理想工具（图3-42）。

图3-41 砂轮机

图3-42 电刨机

四、机床设备

数控切割机、数控雕刻机、数控裁剪机是制作模型的专属设备，它可以通过独立的计算机控制，对模型材料进行自动加工。

1. 数控切割机

数控切割机主要是将计算机所绘制的图形按照材料上要求的位置进行切割，形状完整（图3-43）。切割完成后就能够达到所要求的图形。切割机工作的效率非常高，在操作过程中不需要相关人员值守。但是，切割机所要求的图形需要使用切割机配套的专业软件绘制，切割机上的刀具品种齐全，可满足各种模型制作材料的加工要求。目前，切割机的高端产品为激光切割机，切割后的效果更加光滑、平顺。

2. 数控雕刻机

数控雕刻机先将计算机绘制的图形进行切割，再根据原始材料的厚度作不同深度雕刻，主要在板材表面加工文字和图案，雕刻后纹理深浅不同，变化非常生动（图3-44）。数控雕刻机可对木门、家具、金属、亚克力等进行浮雕、平雕、镂空雕刻等。雕刻速度快，精度高。同时也适合对多元化复杂性产品进行加工，如密度板、橱柜门、电脑桌、板式家具等非金属材料以及有色金属（如铜、铝）的雕刻加工等。

3. 数控裁剪机

数控裁剪一体机适合纺织材料和复合材料的裁剪、打孔、标识等作业（图3-45）。如PVC、尼龙面料、乙烯基面料、帆布、膜材、玻璃纤维、碳纤维、预浸料等，广泛运用于航空、航海、风能发电、汽车内饰、家具、军事、帐篷膜结构和充气产品等领域。数控裁剪一体机完美的刀头设计以及重载焊接刚性结构，使其能适用不同物料切割的同时，多孔高硬度纤维聚氨酯传送带保证切割表面平整，针对不同物料厚度，还能保证裁剪的精度。强大的裁剪速度，独特的重载刀具设计能满足所有建筑模型面料的裁剪要求，且排版无长度限制，能提升材料的利用率。

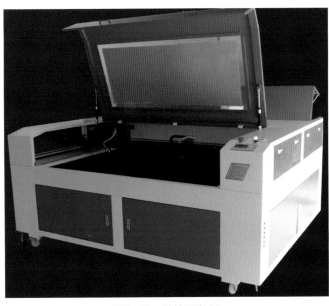

图3-44 数控雕刻机

图3-43 数控切割机

图3-45 数控裁剪机

本章拓展训练

1. 课题教学内容：掌握建筑模型制作的材料与工具

课题时间：4课时。

要点提示：熟悉建筑模型制作过程中常用的材料与工具。

教学要求：认识建筑模型制作所用的材料和工具，并且掌握各种材料的切割和粘贴方法。

训练目的：了解并熟悉在建筑模型制作过程中，经常使用的制作材料和工具，并根据其特点进行材料的选择及工具的使用。

2. 其他作业

使用各种工具对模型制作材料进行简单初步切割、拼接练习，完成不同几何体的制作。

3. 理论思考

（1）在模型过程中，为什么要了解制作模型时所需要材料的基本性能？

（2）怎样才能最大化地发挥手工工具的使用效率及准确度？

4. 相关知识链接

木材含水量的控制

一般的木材含水量为15%~25%，不能直接用于胶接。它会降低水溶性胶粘剂的浓度，同时不能使胶粘剂中的水分快速挥发，难于固化，胶接强度低。木材胶接最佳含水率约为5%~12%范围内，若含水量超过这个范围，应首先将木材风干或烘干，而且两个粘结面的木材的水分含量应一致，否则胶接后会使被胶制品翘曲变形，影响建筑模型的制作效果。

第四章 建筑模型设计

本章教学重点

  使学生在制作模型之前，理解并掌握建筑模型的构思理念。掌握如何在设计展开阶段准确地突出设计理念的方法，为后期模型的制作奠定坚实的基础。

第一节　设计构思阶段

建筑模型项目确定以后，如何对项目进行具体表现，就需要进行设计构思。建筑模型设计构思包括比例和尺度的设计构思、形体的设计构思、材料的设计构思和色彩与表面处理的设计构思。设计构思的思维过程是方案形成过程的主要阶段。在这个阶段，方案的构思在由总体到局部再到总体的反复推敲中不断完善和发展，由此也决定了设计构思的图示表达也必将呈现多次反复和尝试的特征。草图是设计构思阶段的主要表达方式。

草图

草图表达是仅次于语言文字表达的一种最常用的表达方式，其特点是能比较直接、方便和快速地表达创作者的思维并促进思维的进程。通过草图进行思考是建筑模型设计的重要特征。格雷夫斯在他的文章《绘画的必要性——有形的思索》中曾强调说："在通过绘画来探索一种想法的过程中，我觉得对我们的头脑来说，非常有意义的应该是思索性的东西。作为人造物的绘画，通常是比象征图案更具暂时性，它或许是一个更不完整的，抑或更开放的符号，正是这种不完整性和非确定性，才说明了其思索性的实质。"草图，有时是处于构思阶段的早期总体空间意象的勾画；有时是处于对局部的次级问题的解决之中；有时是处于综合阶段对多个方案做比较、综合的过程中。它们或清晰或模糊，但这些草图都是设计构思阶段思维过程的真实反映，也是促进思维进程、加快建筑模型设计意象物态化卓有成效的工具。草图的设计制作步骤可分为三个部分进行，首先是绘制建筑模型轮廓，然后对草图进行上色，上色不要求精确，以色块区分颜色即可，最后是深化设计阶段，对模型的轮廓内的装饰进行调节，以细节配合其他软装饰的手法，将色调和空间进行划分，加以装饰与美化。

图4-1所示为保利剧院构思草图。

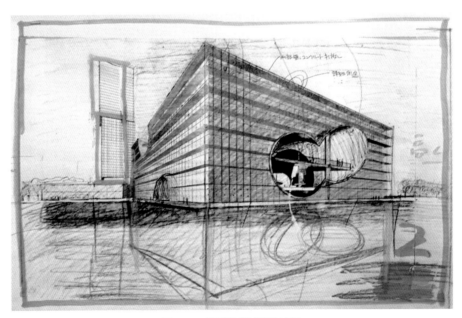

图4-1　保利剧院构思草图

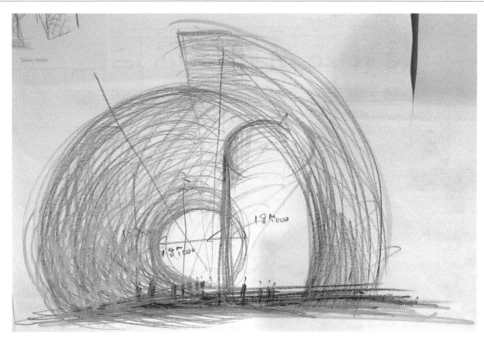

图4-1 保利剧院构思草图（续）

第二节 设计绘图阶段

一、绘制图纸

设计构思阶段完成后，就可以进入下一阶段设计绘图阶段。这一阶段，设计构思将以图纸的表现形式进行确定和细化。设计绘图阶段是模型设计与制作过程中非常重要的环节，模型设计图纸要按照《建筑制图标准》（GB/T 50104—2010）准确绘制。设计绘图阶段要绘制正式的建筑模型制作的设计图和施工图，包括平面图、立面图、剖面图、细部节点详图。建筑模型通常会按照比例进行缩放，在尺寸标注上要注意与模型实物相吻合，为了方便制作，标注的时候要同时测绘出模型与实物的尺寸，图纸的幅面可以制作为1：1，图纸与模型等大，这样可以减少相关的数据换算。同样道理，在材料与结构的标注上，也应作双重注明，这样可以表明模型与实物两种用材的名称，在制作过程中，可以不断地进行比较、修改、完善，以获得最理想的制作效果。

图4-2所示为保利剧院立面图。

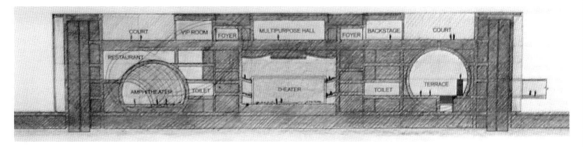

图4-2 保利剧院立面图

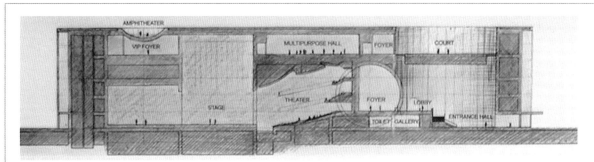

图4-2 保利剧院立面图（续）

二、计算机表达

图4-3 保利剧院方案概念效果图

效果图是建筑模型空间视觉形象设计方案的最佳表现形式，也是表现空间概念和表达设计意图的载体，通过效果图向客户表达设计师的设计意图更为准确和直观。计算机表达可以使二维空间与三维空间得以有机融合。尤其在构思阶段多方案的比较、推敲中，利用计算机可以将空间做多种处理与表现，从不同观察点、角度对其进行察看，还可以模拟真实环境和动态画面，使建筑空间的形体关系、空间感更加真实，使设计构思与思路更易于传达与交流，有效推进思维的进程，并为后期精确模型的制作提供了更为直观的、可视化的参考。图4-3所示为保利剧院方案概念效果图。

三、初步模型

初步模型是形象的立体化草图，非常具有概括性和可变性，主要表现整体的形态和空间体量关系，根据设计构思展开，所以能够产生出多种形态的草图模型形式，供方案初期相互比较、研究和分析，是设计师继续深化构思，使构思趋向成熟的重要过程之一，对设计师完善设计构思有非常重要的作用。初步模型表达在设计绘图阶段是非常重要的环节，与草图表达相比较，初步模型具真实性，它更接近于创作空间塑造的特性，可以直观反映出建筑模型设计的主要特征，更有利于促进形象思维的进程。利用初步模型进行多方案比较，直观地展示了设计者的创作思路，为方案的推敲提供了全面的参考依据。初步模型表达主要用概括、抽象的手法刻画外形，用分析结构、构造、支撑系统和装配形式，使设计者的构思变得更加清晰。如果在设计过程中对模型的拼接有疑问，可以先选择容易切割的材料制作一个初步模型进行方案的分析。

图4-4和图4-5所示为保利剧院初步模型分析方案。

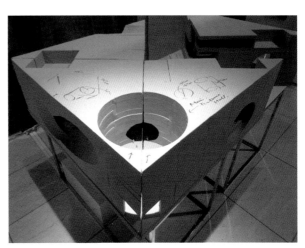

图4-4 保利剧院初步模型分析方案（一）

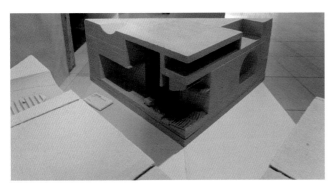

图4-5 保利剧院初步模型分析方案（二）

第三节 材料准备阶段

材料准备阶段，可以根据设计构思和图纸，为模型制作阶段准备好相应的材料与工具。材料的选择和组合没有进行很好的处理，会直接影响模型制作的整体性。材料要依据设计进行选择。不分模型设计阶段和类型，不加分析地使材料充斥于模型及环境中，使材料单纯地成为模型的表皮，这就陷入了制作的误区。因此注重材料与建筑模型设计的协调统一，充分展现模型材料自身的特征是材料应用的基本原则。把握材料的特殊属性是建筑模型制作的决定性因素，会给模型的终极效果带来不同的空间体验和视觉感染力。

图4-6和图4-7所示分别为保利剧院的建筑模型以及电脑渲染效果图。

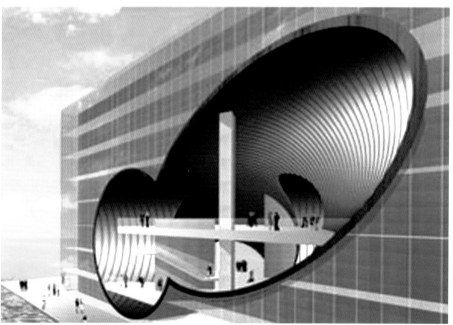

图4-6 保利剧院的建筑模型

图4-7　保利剧院电脑渲染效果图

本章拓展训练

1. 课题教学内容：根据即将要制作的建筑模型进行总体制作构思

课题时间：32课时。

要点提示：根据建筑模型设计图纸内容，分析建筑模型的平面与立面。

教学要求：选择并准备能够表现建筑模型整体效果的材料和制作方法。

训练目的：了解并掌握不同建筑模型设计的总体制作构思理念，以及不同材料运用、建筑模型制作工艺等方面之间的关联性。培养学生对建筑模型设计整体效果的构思与策划能力。

2. 其他作业

课堂讨论并口述建筑模型图纸主要包括哪几个部分？并按照比例要求绘制建筑模型的平面图、立面图和顶面图。

3. 理论思考

（1）请根据相关建筑模型作品，思考建筑模型构思包括哪几个方面？

（2）查阅相关建筑模型图纸，思考建筑模型图纸和建筑模型制作的关联性。

4. 相关知识链接

建筑模型设计要注意灯光的主次分层

灯光的制作要依据景物的特点进行分析。房屋区的修建、水景灯光尽量用暖色，绿树的布景则用冷色；路灯和庭园灯应依照规则进行排布。灯光颜色尽量丰富、条理清晰以衬托环境氛围。需求强调的一点是，度的掌握很重要，切忌四处都通亮，没有灯光的主次层次之分。

第五章　建筑模型制作

本章教学重点

　　培养学生实际动手操作能力，对空间感的认知能力及模型效果的整体把握能力。使学生掌握不同材质建筑模型的制作流程及制作工艺方法。

第一节　竹木模型制作

一、竹木模型概述

在真实的生活场景中，竹木模型的效果表现与真实场景中竹木建筑效果非常相似（图5-1至图5-4）。竹木模型的天然肌理效果能够使此类模型在效果的表现方面真实感很强，可以使模型具有很强的结构感及自然的动感。竹木模型制作方法首先是将单面体上的基本构件制作完成后，再进行模型的整体拼合。由于是对真实的效果进行模拟表现，竹木模型均采用将材料均匀排列成面状的形式来表达竹子墙面的肌理效果。因此，需要先选择适合的材料作为粘贴底板，再用黏合剂对竹子切割后进行材料粘贴。

图5-1　竹木模型（一）

图5-2　竹木模型（二）

图5-3 竹木模型（三）

图5-4 竹木模型（四）

二、竹木模型的制作方法

竹木模型的制作步骤如下：

（1）运用卡纸按照图纸尺寸切割出墙体及其相应构件。在切割时竹木模型中卡纸主要是起到支撑结构的作用，确定支撑结构的稳定性。需要在卡纸上设计制作出折痕，制作时卡纸的厚度应该根据模型的比例进行考虑，不宜太厚（图5-5）。

图5-5　步骤（一）

（2）运用裁纸刀将竹子材料进行裁割，如果有曲线锯电气设备进行切割竹子材料会更好，切割后效果更标准（图5-6）。裁割后将竹材均匀排列成面材的方式来表达墙面质感。

（3）将竹木材料均匀排列并粘贴在卡纸表面（图5-7）。

（4）先单独在单面卡纸墙体上粘贴竹木面材，对墙体进行单面黏合。然后再将墙体进行整体拼合，最后再将模型墙体整体拼合。或者先将卡纸的墙体结构拼合粘贴后，再将竹木面材粘贴在墙体内撑结构的表面上（图5-8）。

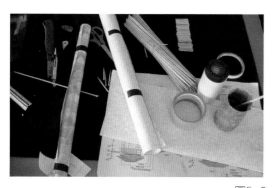

图5-6　步骤（二）

图5-6 步骤（二）（续）

图5-7 步骤（三）

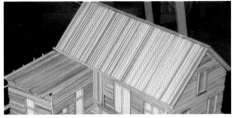

图5-8 步骤（四）

（5）先将墙体与地面黏合，再将墙体进行整体拼合，最后再粘贴屋顶的竹木材料，为模型拼合屋顶（图5-9）。竹木模型在添加配景及进行后期环境制作时，应考虑与整体环境的协调统一，表现形式应重点强调出建筑与环境的整体风格。

图5-9 最终效果

第二节　胶板模型制作

一、胶板模型概述

　　胶板即PVC板，颜色呈不透明的白颜色，如果需要其他颜色，可用喷涂工具自动喷涂颜色。由于胶板质地比较柔软，其弯曲性能比有机板更加优越，一般裁纸刀就可以进行裁割。PVC板和ABS板的粘接可以使用三氯甲烷。胶板常见的厚度主要有0.2mm、0.5mm、1mm、1.2mm、1.5mm等，具有切割方便，制作方法简单等特点，目前已经成为模型制作者经常选择的模型表现材料。如果采用单色胶板为主要模型制作材料，再搭配几种或者是一种其他颜色作为配色，可以使观者更直接地把握模型的结构关系和空间关系（图5-10至图5-12）。

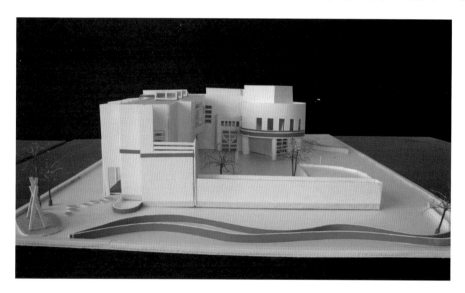

图5-10　胶板模型立面效果（一）

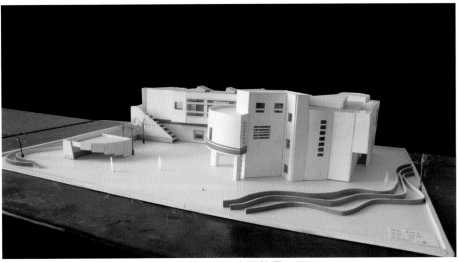

图5-11　胶板模型立面效果（二）

图5-11　胶板模型立面效果（二）（续）

图5-11　胶板模型立面效果（二）（续）

图5-12　胶板模型立面效果（三）

二、胶板模型的制作方法

胶板模型的制作步骤如下：

（1）按照图纸的尺寸，用裁纸刀分别裁割出单面墙体和建筑模型的其他构件（图5-13）。

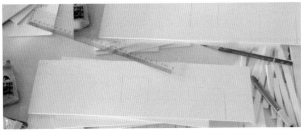

图5-13　步骤（一）

（2）模型单面墙体制作完成之后，如果需要在墙体中表现出玻璃效果，可以在胶板上切割窗洞，同时选择透明的文件夹或者塑料片等相似的材质代替玻璃，并将它固定在内墙上，并制作出窗框（图5-14）。

图5-14　步骤（二）

（3）在模型制作过程中，如果需要表现外墙的肌理效果，可以按比例打印后进行剪裁、切割，将纹理图样粘贴在墙体的外表面上（图5-15）。

（4）模型构件切割完成之后，再进行结构之间的拼合，需要先对拼合构件的侧边用砂纸进行打磨，打磨出45°的斜角再进行拼接，借用各立面的斜边进行构件拼接，使各结构之间的拼合更为细致、紧密（图5-16）。

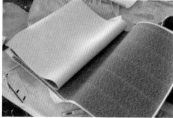

图5-15 步骤（三）   图5-16 步骤（四）

（5）按照图纸的设计要求，需要对细节部分以及切割后的墙体进行整体的拼装（图5-17）。在选择粘胶剂时，可以采用白乳胶或者万能胶。

图5-17 步骤（五）

（6）模型整体拼接完成后，要拼合模型的屋顶。模型的单体制作完成后，可以根据表现选择不同的材质制作环境及配景（图5-18）。在制作环境及配景时需要考虑环境、配景的设计制作是否与建筑的整体协调与统一。

图5-18 步骤（六）

第三节　户型模型制作

一、户型模型概述

　　户型模型是按平面图划分的功能对各房面进行精心布置，按各起居室功能不同贴上壁纸、地毯、地板、大理石、面砖等，如在客厅摆上造型新颖的高档沙发、茶几、电视机、钢琴，背景装饰墙配以花瓶、壁画、壁灯等小饰品突出客厅强大的空间感同时又体现出时尚和个性；在卧室摆上床、床头柜、衣柜等居家装饰的饰品，再配上比较柔和的灯光，呈现出优雅、温馨的视觉效果。以不同的装饰品来衬托不同房间、格局的功能和用途。户型内部家居的装饰、配置可根据户型的风格不同而变化。户型的入户花园、大阳台和平台上布置些植物绿化，摆设太阳伞、休闲的躺椅等，体现出一个和谐、安适的环境（图5-19、图5-20）。户型装饰的家具等配置要求全部通过手工打磨精雕细刻制作（图5-21、图5-22）。

图5-19　户型模型效果（一）

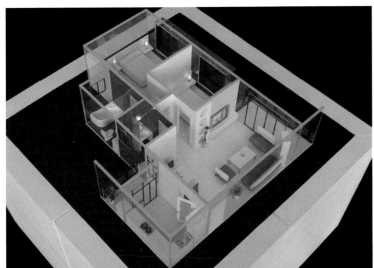

图5-20　户型模型效果（二）

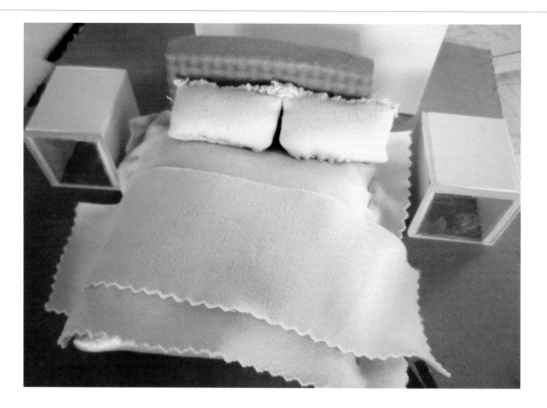

图5-21　户型家具模型（一）

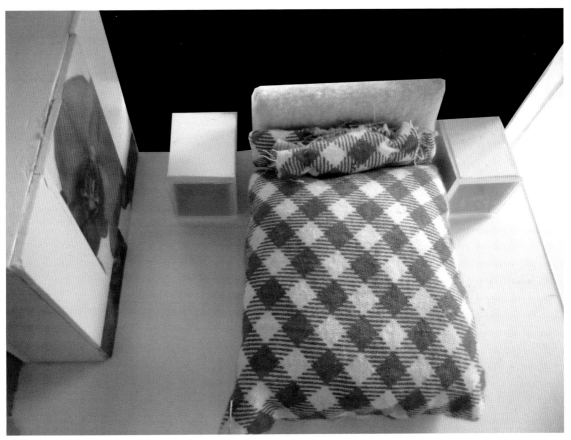

图5-21　户型家具模型（一）（续）

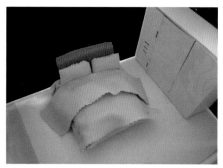

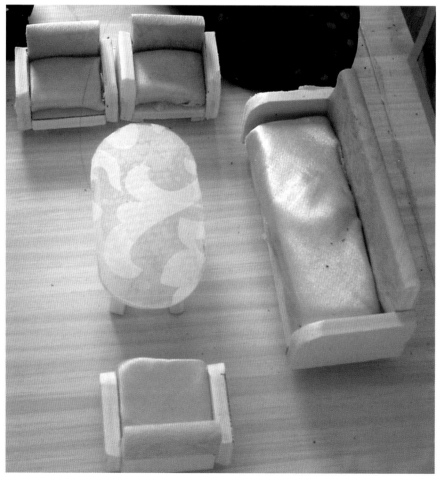

图5-22　户型家具模型（二）

图5-22 户型家具模型（二）（续）

二、户型模型的制作方法

户型模型的制作步骤如下：

（1）根据设计图纸，可以将图纸进行复制，复制后将图纸贴附在模型制作材料的表面上，按照模型设计要求，分别进行裁割、加工出单面墙体，按照制作比例要求搭建室内格局，制作比例在1：25比较合适（图5-23）。

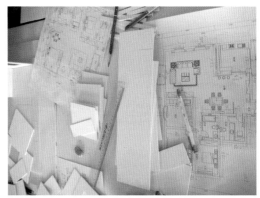

图5-23　步骤（一）

（2）切割完成窗洞及其他的模型构件，并制作墙体的玻璃窗（图5-24）。

（3）户型模型墙体制作完成之后，如果需要在墙体中表现出玻璃效果，可以在墙体上切割窗洞，选择透明的塑料片等相似的材质代替玻璃，并将它固定在墙体上，并制作出窗框（图5-25）。

图5-24　步骤（二）　　　　　　　　图5-25　步骤（三）

（4）在户型模型制作过程中，如果需要表现地面及内墙的肌理效果，可以按照比例来打印地面的纹理图样并进行剪裁、切割，将纹理图样粘贴在地面及内墙的外表面上（图5-26）。

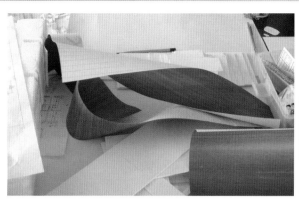

图5-26　步骤（四）

（5）制作家具、电器、植物等室内布置基本元素时应准确把握比例及空间尺度等相互关系。在制作材料选择方面可以考虑碎布料、包装纸、带有纹理的不干胶等材料，同时考虑其场景的真实性、生动性，是否符合室内空间设计风格（图5-27）。

（6）模型构件切割完成之后，再进行结构之间的拼合，需要先对拼合构件的侧边用砂纸进行打磨，打磨出45°的斜角再进行拼接，借用各立面的斜边进行构件拼接，使各结构之间的拼合更为细致、紧密（图5-28）。

（7）按照图纸的尺寸，用裁纸刀分别裁割出单面墙体以后，将各墙体进行整体拼接黏合（图5-29）。

（8）制作室内模型。在表现室内空间布置关系时，可以采用透明有机板来表现墙体（图5-30）。通常要表现仿真的居室生活场景以及场景中的空间、界面等内容物的关系，也可以采用综合的材料及工艺进行表现。

（9）室内墙体构件制作完成后，内墙根据室内设计对墙体、地面等进行装饰，墙面位置可以通过喷涂墙漆或贴壁纸，地面可以用石材、木地板、地砖或者地毯等相关纹理进行表现（图5-31）。

（10）室内家具制作根据具体的使用功能、模型比例和家具的具体尺寸进行设计制作（图5-32）。制作室内家具的材料有多种，如胶板、纸板、布艺等。制作工艺可以根据设计风格与材料进行选择，在制作曲面特殊造型时，可以选用翻模技术与热加工相结合，最后，再通过喷漆处理，以达到仿真效果。如浴缸、洗面盆等，在进行质感的纹理表现时，可以通过雕刻机制作出各式图案的构件并粘贴成各式家具等构件。

（11）室内装饰品制作，要根据不同房间的使用要求及功能进行制作表现，室内装饰品如室内绿色植物、装饰画、灯具、装饰毯、家用电器等（图5-33）。在制作时，注意把握室内色彩元素的协调性与对比关系及布局的合理性。

图5-27　步骤（五）

图5-28 步骤（六）

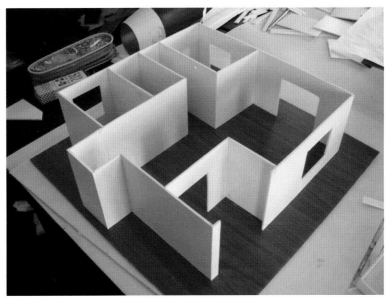

图5-29 步骤（七）

图5-30 步骤（八）

图5-31　步骤（九）

图5-32　步骤（十）

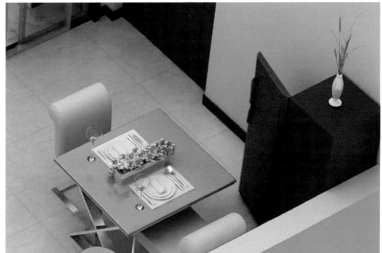

图5-33　步骤（十一）

第四节 模型环境制作

一、模型环境植物的制作

　　建筑模型环境植物是烘托建筑效果和场景氛围的重要因素（图5-34、图5-35）。绿化植物大致分为道路绿化和园林绿化。道路绿化以行道树为主，增设草坪花坛。园林绿化是以点线面为组合方式，配合草坪、花坛、水池。

图5-34　模型环境植物（一）

图5-35　模型环境植物（二）

二、模型环境植物的制作方法

模型环境植物的制作步骤如下：

（1）模型植物的制作方法多种多样，下面将以模型树木其中的一种方法进行制作。选择一棵仿真塑料材质的树干（图5-36）。

（2）把树枝有树叶的地方刷上一层白乳胶，等待胶自行干固（图5-37）。

图5-36　步骤（一）　　　　　　　　　　图5-37　步骤（二）

（3）用硬卡纸裁好了不同尺寸的圆形底座（图5-38）。

（4）将仿真树干直接粘贴在圆形底座的位置上（图5-39）。

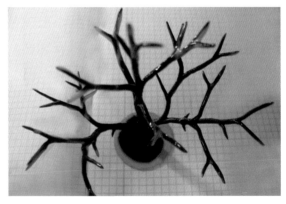

图5-38　步骤（三）　　　　　　　　　　图5-39　步骤（四）

（5）先将碎海绵用水彩进行染色，在调整颜色时，可以调整不同色系的绿色进行混合搭配，这样树叶的效果会比较丰富（图5-40）。

（6）将树倒立，树尖倒着插入在盛树粉的容器中（图5-41）。

图5-40 步骤（五）

图5-41 步骤（六）

（7）将树尖转动方位，不同的位置都将均匀地粘贴到草粉（图5-42）。

（8）为了使树叶固定在树枝上，可以使用透明自喷胶均匀的在树叶上进行喷涂（图5-43）。

图5-42 步骤（七）

图5-43 步骤（八）

（9）选择白乳胶把底座部分的各个角度进行均匀涂抹（图5-44）。

（10）可以给底座添加上一些苔藓及小石块，增强真实感（图5-45）。

图5-44 步骤（九）

图5-45 步骤（十）

（11）最后，让底座覆盖满草粉（图5-46）。

（12）树的最终效果（图5-47）。

图5-46　步骤（十一）　　　　　　　　　　　　图5-47　步骤（十二）

三、模型环境配景的制作方法

　　模型环境配景制作是为了突出建筑主题，烘托建筑效果和场景氛围。建筑模型的环境主要由地形、水景、铺地、绿化、灯光等内容组合而成。模型环境配景制作时首先要考虑生态环境效应。具体而言，包括最大限度的绿地，用多层次绿色植物结构组成稳定的人工植物群落。以草地为虚，树丛为实，可以形成点、线、面结合，虚实相应的变化，如植物的造型和色彩的变化与统一，既有统一的基调，又有各景区的主调，突出幽雅的环境（图5-48）。

图5-48　模型环境配景

图5-48 模型环境配景（续）

模型环境配景的制作步骤如下：

（1）将木板作为框架进行搭建，作为模型的底盘（图5-49）。

（2）将白乳胶与水调和之后和上石膏粉，石膏粉本身是白色的，在和石膏粉时添加浅灰色天然土，将石膏调成了浅灰色（图5-50）。

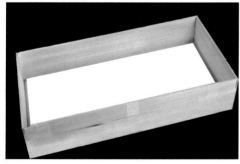

图5-49 步骤（一）

图5-50 步骤（二）

（3）将乳胶兑水稀释之后，对底盘表面进行刷涂，之后给底盘粘铺沙子（图5-51）。

（4）先进行碎石粘铺，再刷灰色天然土进行打底，统一颜色（图5-52）。

图5-51 步骤（三）

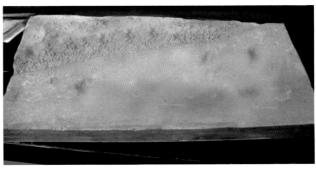

图5-52 步骤（四）

（5）进行草粉制作，先筛选细木屑或者用细玉米粒代替。再用水粉颜料调制绿色，制作草粉颜色（图5-53）。

（6）对于有结块的草粉物质进行单独处理（图5-54）。

图5-53 步骤（五）

图5-54 步骤（六）

（7）草粉的原材料制作完成（图5-55）。

（8）乳胶兑水之后，刷在需要粘铺草粉的位置，准备粘贴（图5-56）。

图5-55 步骤（七）

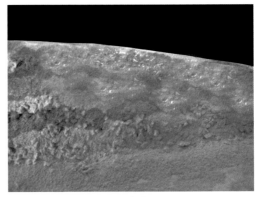

图5-56 步骤（八）

（9）草粉直接撒在胶面上（图5-57）。

（10）将模型树木及枯草粘贴在环境配景中（图5-58）。

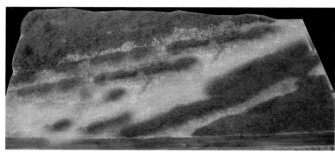

图5-57 步骤（九）

图5-58 步骤（十）

（11）将天然土的颜料色用笔刷在地面的位置进行涂抹，达到真实土质效果（图5-59）。

（12）最终完成环境配景效果一（图5-60）。

（13）最终完成环境配景效果二（图5-61）。

图5-59 步骤（十一）

图5-60 步骤（十二）

图5-61 步骤（十三）

本章拓展训练

1.课题教学内容：根据即将要制作的建筑模型进行总体制作构思

课题时间：80课时。

要点提示：根据建筑模型设计图纸内容，分析建筑模型的平面与立面。

教学要求：准备能够准确表现建筑模型整体效果的材料和制作方法。

训练目的：了解并掌握不同建筑模型设计的总体制作构思理念，以及不同材料运用、建筑模型制作工艺等方面之间的关联性，有利于培养学生对建筑模型设计整体效果的构思与策划能力。

2. 其他作业

课堂讨论并口述建筑模型图纸主要包括哪几个部分?并按照比例要求绘制建筑模型的平面图、立面图和顶面图。

3. 理论思考

(1) 请根据相关建筑模型作品，思考建筑模型构思包括哪几个方面？

(2) 查阅相关建筑模型图纸，思考建筑模型图纸和建筑模型制作之间的关联性。

4. 相关知识链接

环境景观的写意原则

对于环境景观部分，原则上是根据设计要求进行制作。但是在树种的表现和花草的颜色选择方面，应该重点考虑，树种的表现主要是写意，花草的颜色主要侧重表现美感。举例说明，实际的园林中盛开着不同色彩的花朵，其中色彩对比强烈的有红、黄、绿、蓝色等，但在模型中如果真实地表现出来就会显得杂乱无章，不真实，无色彩层次之美。因此现实中的景物和模型中的景物的像与非像问题，像到极致则不像，似像非像则正像，其核心是应抓住一个"神"字，确切地表现出环境绿化的风格特点。

第六章　建筑模型赏析

本章教学重点

通过赏析优秀建筑模型的设计方案，提高学生对建筑模型制作表现新形式、新方法的学习与理解。

第一节　海南半山半岛模型赏析

海南半山半岛这两座一圆一方的建筑通过一条海上连廊相连接，连廊下是被海水覆盖的人工水庭。拥有拱形轮廓、浮于海上的艺术馆则被赋予"世界之门"的意象。圆形是最简单的几何图形，但是通过设计却能够在其中产生有趣的空间。从效果图上可以看到，这个圆形建筑的中心被不规则地扭曲镂空，从而产生一座拱形的"门"。而这一实际上将被用作广场空间的"门"洞空间将赋予两座建筑对话的可能，从这个空间看方形的演艺中心，将会产生非常神奇的感觉。而从音乐厅看艺术馆，每天不同时刻不同位置的太阳光线将随着海平面反射到建筑上。一条通道连接起音乐厅和艺术馆，从视觉上看，似乎是相互独立的两个空间，可就是在这样简单的几何空间中，安藤忠雄成功地演绎出空间的多样性。浮于海上的建筑与海共融，拱形的建筑轮廓，宛如通向神秘之境的大海之门（图6-1）。半山半岛海上艺术馆、音乐厅的设计草图如图6-2所示。

图6-1　半山半岛艺术馆、音乐厅效果图

图6-1　半山半岛艺术
馆、音乐厅效
果图（续）

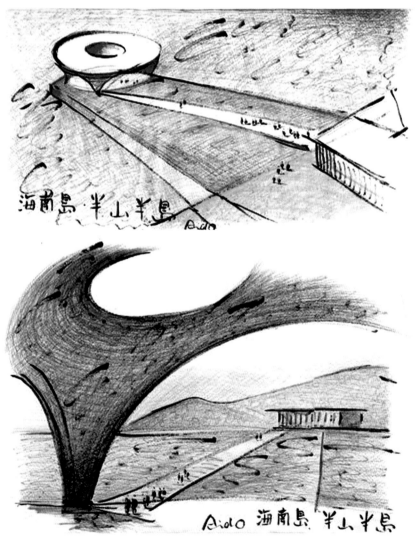

图6-2　半山半岛海上艺
术馆、音乐厅设
计草图

一、海上艺术馆

海上艺术馆是直径100m的圆体，全部体积被海平面所托起，对海面形成拱形的视线遮挡（图6-3）。参观者首先会朝这个拱形慢慢接近，到达拱形的下部后，通过在其上方巨大的蜿蜒的拱形曲面贝壳形成充满生机的外部空间。这个曲面贝壳在亚热带气候的海南岛提供了可供通风及遮阳用的舒适广场，除此之外，这个广场作为一个无与伦比的舞台，也可适用于进行授赏仪式等特别的活动项目，尤其从广场看到的在海平面上呈现的落日景象格外美丽。穿过广场进入入口的参观者首先进入主层，艺术馆的主层设定为高出水面20m，由配置于中央的展示室、两侧的通道所组成。这个通道在保证展示流动线路的自由度的同时，配备可以360°观光的全景玻璃窗，从这里能够体验海南岛和海水美妙的全景。

二、海上音乐厅

海上音乐厅普通的矩形空间被名为"棱镜"的锋利的三角形断面空间所分割，在贯通的矩形空间里，全部的3根柱子都各自发挥着用途。海南岛强烈的阳光对应的十分锐利的阴影和在"棱镜"里面创造出的表情被认为是迎接人们的大门（图6-4）。

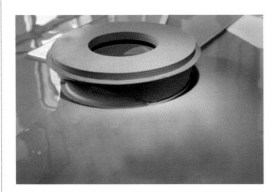

图6-3　半山半岛海上艺术馆建筑模型

图6-4　音乐厅室内空间被三角形断面空间所分割

第二节　光之教堂模型赏析

　　光之教堂以其抽象的、肃然的、静寂的、纯粹的、几何学的空间创造，让人类精神找到了栖息之所。教堂设计是极端抽象简洁的，没有传统教堂中标志性的尖塔，但它内部是极富宗教意义的空间，呈现出一种静寂的美（图6-5至图6-8）。建筑的布置是根据用地内原有教堂的位置以及太阳方位来决定的。礼拜堂正面的混凝土墙壁上留出十字形切口，呈现光的十字架。建筑内部尽可能减少开口，限定在对自然要素"光"的表现上。十字形分割的墙壁，产生了特殊的光影效果。设计的重点转移到内部。空间以坚实的混凝土墙所围合，创造出绝对黑暗的空间，阳光从墙体上留出的垂直和水平方向的开口渗透进来，从而形成著名的"光的十字架"——抽象、洗练和诚实的空间纯粹性。这一建筑虽然形体简单，但却蕴含了一种非常复杂而极佳的建筑处理。这片成角度插入的混凝土墙壁，以最简单的方式解决了基地和工程所有的难题。由于靠近道路中段，因而除了面向内院和西壁体外，在墙面开窗是合适的。这座建筑造价极低，墙壁及家具处理方式十分简朴，且保留了粗糙表面的质感。在这里着力表现和强调的是抽象的自然，空间的纯粹性和洗练诚实的品质，进而唤起建筑的"庄严感"。正宗完全的几何形式为建筑提供基础和框架，使建筑展现于世人面前。它可能是一个主观设想的物体，也常常是一个三度空间的结构物体。当几何图形在建筑中运用时，建筑形体在整个自然中的地位就可很清楚的跳脱界定，自然和几何产生互动。几何形体构成了整体的框架，也成为周围环境景色的屏幕，人们在上面行走、停留、不期的邂逅，甚至可以和光的表达有密切的联系。借由光的影子阅读出空间疏密的分布

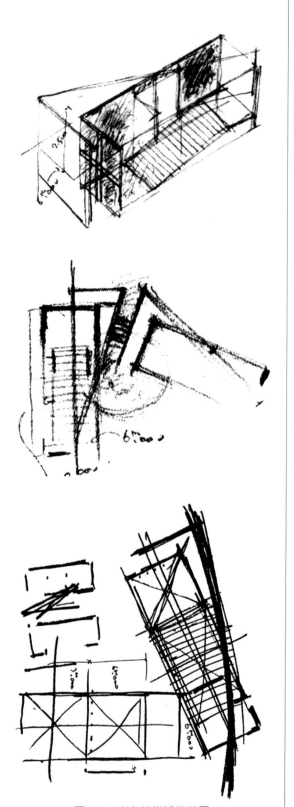

图6-5　光之教堂线描草图

层次。经过这样处理，自然与建筑既对立又并存。所谓的自然，并非泛指植栽化的概念，而是指被人工化的自然，或者说是建筑化的自然。自然是由素材与以几何为基础的建筑体同时被导入所共同呈现的。把柔和的阳光反射渗透进教堂内，并隔离了喧嚣的外部世界。沉溺于神话的想象与忏悔，置身其中浑然不觉时间的流逝。

图6-6　光之教堂的内部空间表现

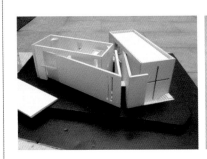

图6-7　光之教堂建筑模型

图6-7　光之教堂建筑模型（续）　　　　　　图6-8　光之教堂的外部环境表现

第三节　小筱邸模型赏析

　　小筱邸位于芦屋市的国立公园内，是一座度假别墅，基地为西高东低的缓坡，基地南边为交通干道，北边为交通次干道，西边是人行小路（图6-9至图6-16）。基地东侧有两层高的坡顶建筑，基地内还有几棵有保存价值的树木。考虑到基地的走势将入口放在上部，建筑的一半掩埋在国立公园的一片绿色茵茵的斜坡地里，建筑形态与自然地形有机结合的表现，避开基地现有的树木，遵循了自然地形的环境条件。同时小筱邸还在混凝土矩形体块之间，巧妙设计了跌落式庭院，意喻建筑物建在斜坡上，并设庭院式室外的起居室，以创造一种为每天的生活拓展新天地的氛围从入口进入之后，会向下进入两层高的起居室，厨房和餐厅位于主卧下方。芦屋市属于关西气候、风土比较温和，冬季气温也没有达到零下。小筱邸构思是从与用地的对话开始，逐渐进入具体的设计：包括考虑高濑川周边的景观，与城市尺度之间的关系，需要什么样的体量，创造什么样的形态，使用什么样的材料，将什么样的建筑呈现在这块土地上。 如果这座建筑不能与用地进行对话，将会对周围 环境没有任何意义。

图6-9 小筱邸外部环境实景拍摄

图6-10 小筱邸的内部空间表现

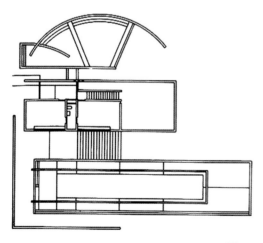
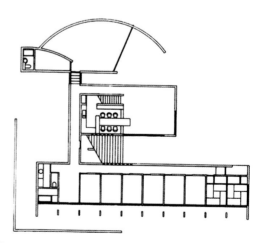

图6-11 小筱邸平面图

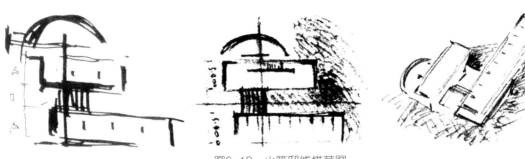

图6-12 小筱邸线描草图

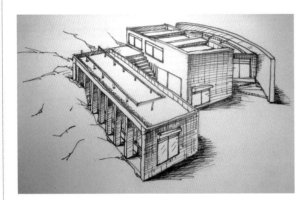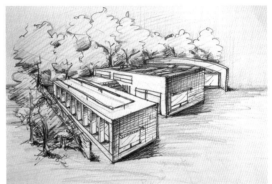

图6-13 小筱邸淡彩草图

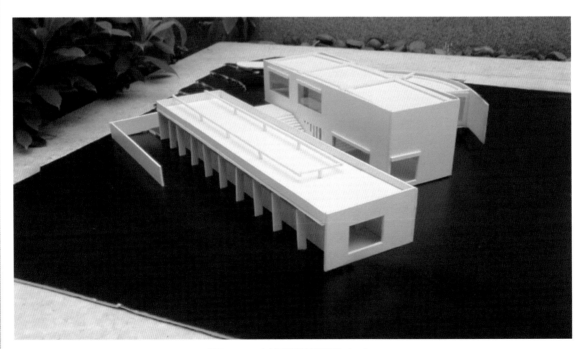

图6-14 小筱邸建筑模型（一）

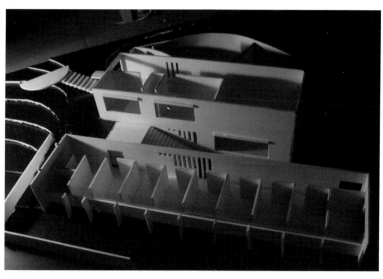

图6-14　小筱邸建筑模型（一）（续）

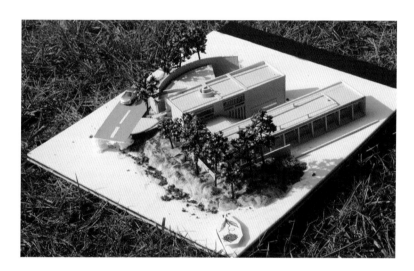

图6-15　小筱邸建筑模型（二）

图6-16　小筱邸建筑模型（三）

第四节 巴拉干自宅模型赏析

    路易斯·巴拉干是墨西哥20世纪有关庭园景观设计的著名建筑师。巴拉干自宅于1948年建造完成，是一幢引起争议但最有纪念意义的建筑（图6-17）。此建筑是第二次世界大战后策划创意工作的杰出代表，将现代艺术与传统艺术结合起来，形成了一种全新的风格。这幢混凝土结构的建筑面积共有1161平方米，有一个地下室及两层楼，还有一个私人小花园。从住宅外观进行观察，非常简朴，与周围灰白的普通居民保持一致。住宅采用墨西哥传统的内向式住宅形式，只是环绕内院的房间被浓缩成了墙。巴拉干在此度过了后半生，这个住宅的设计几经修改，反映了巴拉干对空间和形式的不断探索。这座建筑在2004年被列入世界遗产，成为全球十几处现代遗产之一。巴拉干的这户住宅（现为博物馆）位于墨西哥城郊塔库巴亚镇中心附近一条非常安静的街道的尽头。住宅的前面和环绕在周围的简朴的建筑融为一体，在其中并不十分的显眼，唯一比较有特点的是住宅的白塔和向外凸出的窗户，它位于人口高度密集地区，但是却沉浸在无比宁静的氛围之中，时光仿佛停止。透过美景重新发现大自然，不论是攀藤的植物，或者是蜿蜒的常春藤，一丝光或一片水，在建筑的意义中都占有未知的分量，这种分量使人们关注事物，了解它们本身存在的奇迹。

图6-17 巴拉干自宅建筑外部环境表现

    巴拉干自宅的空间处理复杂，并且十分具有层次感，而这些层次感则主要通过空间高度上的落差来实现，图中相同颜色的色块代表其位于同一标高中，细数一下区区两层平面，竟然有六个不同的标高，而这些位于不同层面上的空间，又通过七座不同的楼梯来加以连接，形成一个互通的整体，让我们不得不惊叹于巴拉干对于空间的把握力之强。各种色彩浓烈鲜艳的墙体的运用是巴拉干设计中鲜明的个人特色，后来也成了墨西哥建筑的重要设计元素。这些色彩来自于墨西哥传统而纯净的色彩。这种彩色的涂料并非来自于现代的涂料，而是墨西哥市场上到处可见的自然成分的染料。这种染料是用花粉和蜗牛壳粉混合以后制成的，常年不会褪色。巴拉干对色彩的浓厚兴趣使得他不断在自己的设计作品中尝试着各种色彩的组合。

　　巴拉干作品中阳光的运用可谓是作品中的点睛之笔，将自然中的阳光与空气带进了我们的视线与生活当中。并且与那些色彩浓烈的墙体交错在一起，使两者的混合产生奇异的效果。在饮马槽广场中水池尽端一面纯净简单的白墙在树影的掩映下拥有了生动的表情。地面的落影，墙面的落影，水中的倒影构成了一个三维的光的坐标系，一天之中随着光线的变化缓缓移动旋转，像一种迷离的舞蹈。这是建筑与自然的对话，白墙上婆娑的树影就好像自然通过阳光空气与植物在建筑上留下的诗意画卷。巴拉干自宅中光与色彩的运用也堪称经典之作。光与色彩、空间、墙体、水面、地面奇妙地交错在一起，给人以梦幻般的感觉。

　　一层主要为家庭生活的公共区，有一个后花园和小的庭院、厨房、餐厅、接待室、书房、工作室、休息室、秘书室也都设立在一层，所有的房间面向花园开巨窗，借光借景（图6-18）。顺着门厅的楼梯间或书房的悬挑楼梯都可以上到二层，二层主要是卧室，卧室是一个单独两倍高的空间（图6-19）。三层是卧室和大面积的屋顶平台，平台上的雕塑、座椅与四周的高墙共同营造了一个静谧的可供思考的空间氛围（图6-20）。

图6-18　巴拉干自宅一层平面图　　图6-19　巴拉干自宅二层平面图　　图6-20　巴拉干自宅三层平面图

　　巴拉干自宅建筑环境表现图以及建筑模型如图6-21至图6-24所示。

图6-21　巴拉干自宅建筑环境表现

图6-22 巴拉干自宅建筑模型（一）

图6-23 巴拉干自宅建筑模型（二）

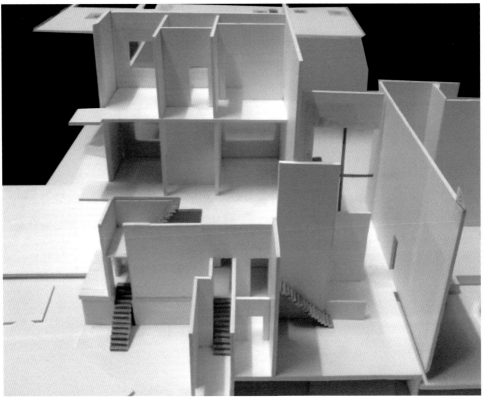

图6-24　巴拉干自宅建筑模型（三）

本章拓展训练

1. 课题教学内容：优秀建筑模型赏析

课题时间：8课时。

要点提示：通过欣赏国内外优秀建筑模型作品，分析工业化建筑模型制作与手工建筑模型制作的区别。

教学要求：根据优秀建筑模型作品在制作时所采用的表现手法及制作方式进行深入的探讨与研究。

训练目的：欣赏优秀建筑模型作品，可以提高学生的艺术鉴赏能力，培养学生对优秀建筑模型空间感的认识能力及对优秀建筑模型整体效果的掌握能力。

2. 其他作业

选择国内外不同风格、不同类型的优秀建筑模型作品进行赏析，并且要求以文字的形式写出鉴赏评析的具体内容。

3. 理论思考

（1）在欣赏国内外优秀建筑模型作品时，请思考建筑模型如何通过三角形和正方形使几何图形在构成上被赋予秩序感？

（2）在欣赏国内外优秀建筑模型作品时，请思考建筑模型如何通过体块的变化创造出富有变化的空间序列效果？

4. 相关知识链接

构成建筑必须具备三要素

第一要素是真实材料，可以是纯粹朴实的水泥，或未刷漆的木头等物质。第二要素是完全的几何形式，这种形式为建筑提供基础和框架，借由光的影子阅读出空间疏密的分布层次。最后一要素是"自然"，是人所安排过的一种无序的自然或者说是建筑化的自然，抽象化的光、水、风。这样的自然是由素材与以几何为基础的建筑体所共同呈现的。